BEI GRIN MACHT SICH IHR WISSEN BEZAHLT

- Wir veröffentlichen Ihre Hausarbeit, Bachelor- und Masterarbeit

- Ihr eigenes eBook und Buch - weltweit in allen wichtigen Shops

- Verdienen Sie an jedem Verkauf

Jetzt bei www.GRIN.com hochladen und kostenlos publizieren

Isabella Melchert

Strukturierung und methodischer Umgang mit „Dienstleistungen"

Statistik, Verbände, Wissenschaftliche Analysen nach 1990 in Deutschland

GRIN Verlag

Bibliografische Information der Deutschen Nationalbibliothek:

Die Deutsche Bibliothek verzeichnet diese Publikation in der Deutschen Nationalbibliografie; detaillierte bibliografische Daten sind im Internet über http://dnb.d-nb.de/ abrufbar.

Dieses Werk sowie alle darin enthaltenen einzelnen Beiträge und Abbildungen sind urheberrechtlich geschützt. Jede Verwertung, die nicht ausdrücklich vom Urheberrechtsschutz zugelassen ist, bedarf der vorherigen Zustimmung des Verlages. Das gilt insbesondere für Vervielfältigungen, Bearbeitungen, Übersetzungen, Mikroverfilmungen, Auswertungen durch Datenbanken und für die Einspeicherung und Verarbeitung in elektronische Systeme. Alle Rechte, auch die des auszugsweisen Nachdrucks, der fotomechanischen Wiedergabe (einschließlich Mikrokopie) sowie der Auswertung durch Datenbanken oder ähnliche Einrichtungen, vorbehalten.

Impressum:

Copyright © 2011 GRIN Verlag GmbH
Druck und Bindung: Books on Demand GmbH, Norderstedt Germany
ISBN: 978-3-656-66910-4

Dieses Buch bei GRIN:

http://www.grin.com/de/e-book/186963/strukturierung-und-methodischer-umgang-mit-dienstleistungen

GRIN - Your knowledge has value

Der GRIN Verlag publiziert seit 1998 wissenschaftliche Arbeiten von Studenten, Hochschullehrern und anderen Akademikern als eBook und gedrucktes Buch. Die Verlagswebsite www.grin.com ist die ideale Plattform zur Veröffentlichung von Hausarbeiten, Abschlussarbeiten, wissenschaftlichen Aufsätzen, Dissertationen und Fachbüchern.

Besuchen Sie uns im Internet:

http://www.grin.com/

http://www.facebook.com/grincom

http://www.twitter.com/grin_com

RWTH Aachen 04.04.2011
Geographisches Institut
Hauptseminar:Wandel der Dienstleistungsmärkte
Sommersemester 2011
Seminararbeit

Strukturierung und methodischer Umgang mit „Dienstleistungen".

Statistik, Verbände, Wissenschaftliche Analysen nach 1990 in Deutschland.

Isabella Melchert

Isabella Melchert

6. Semester
Studienfach: B.Sc. Angewandte Geographie

Inhaltsverzeichnis

Diagramm- und Tabellenverzeichnis 2

1 Einleitung 3

2 „Dienstleistung" — ein Definitionsversuch 4

3 Strukturierung von Dienstleistungen 4
   3.1 Dienstleistungen als Teil der Klassifikation der Wirtschaftszweige 4
   3.2 Einteilung einesDienstleistungsabschnitts am Beispiel des Abschnitts G (WZ 2008) - Handel 7
   3.3 NACE: Statistische Systematik der Wirtschaftszweige in der Europäischen Gemeinschaft 10
   3.4 Gliederung nach Qualität, Fristigkeit und funktionalen Merkmalen 10

4 Methodik und Anwendung von Dienstleistungsstatistiken 11
   4.1 Gesetzesgrundlage: Dienstleistungsstatistikgesetz (DIStatG) 11
   4.2 Konjunkturstatistiken 12
      4.2.1 Methodische Grundlage der Konjunkturstatistiken 12
      4.2.2 Anwendung am Beispiel statistischer Daten des Einzelhandels ...12
   4.3 Strukturstatistiken 15
      4.3.1 Methodische Grundlage der Strukturstatistiken 15
      4.3.2 Anwendung am Beispiel statistischer Daten des Einzelhandels ...16

5 Dienstleistungsverbände 17
   5.1 Bundesverbände der Dienstleistungsbranche 17
   5.2 Beispiele von Bundesverbänden spezieller Dienstleistungsbranchen ...18

6 Wissenschaftliche Analysen in der Dienstleistungsbranche 19

7 Fazit 21

Summary 22

Literaturverzeichnis 23

Diagramm- und Tabellenverzeichnis

Diagramm 1: Entwicklung der Anzahl an Beschäftigten insgesamt im Einzelhandel 2003 bis 2005, monatsweise, nach WZ 2008 (ausgewählte Klassen und Unterklassen) 14

Diagramm 2: Entwicklung der Anzahl an Beschäftigten insgesamt im Einzelhandel 1994 bis 2010, jahresweise, nach WZ 2008 (ausgewählte Klassen und Unterklassen) 17

Tabelle 1: Formaler Aufbau der WZ 2003 und 2008 5

Tabelle 2: Abschnitte der Dienstleistungsbereiche in der WZ 2003 und 2008 6

Tabelle 3: Einteilung des Wirtschaftabschnitts G nach Abteilungen und Gruppen (WZ 2008) 8

Tabelle 4: Einteilung der Abteilung 47, Gruppe 7 des Wirtschafabschnitts G nach Klassen und Unterklassen (WZ 2008) 9

Tabelle 5: Überblick über die verschiedenen Konjunktur- und Strukturstatistiken sowie eine Auswahl der Methoden 12

1 Einleitung

Die Aufgabe der Statistik liegt in der übersichtlichen Zusammenfassung und Darstellung von Informationen. Ein Vorhandensein eines anerkannten Systems zur Einordnung der verfügbaren statistischen Daten ist daher eine Grundvoraussetzung, damit diese sinnvoll präsentiert und analysiert werden können.
Der Dienstleistungssektor ist ein sehr heterogener Wirtschaftssektor. Folglich sind die methodischen Konzepte — anhand derer der gesetzliche Auftrag der Statistik umgesetzt wird — genauso vielfältig. Typisch sind jedoch Konjunktur- und Strukturerhebungen.
Das Statistische Bundesamt Deutschland arbeitet seit Jahren mit der Klassifikation der Wirtschaftszweige, um neben dem primären und sekundären Sektor auch die Dienstleistungen einheitlich zuordnen zu können.Dies gestaltet sich jedoch aufgrund der Heterogenität nicht einfach, wie es in dieser Arbeit verdeutlicht werden soll.

Nach einer kurzen Definition zum Dienstleistungsbegriff (Kapitel 2) wird in Kapitel 3 auf einer der beiden Schwerpunkte dieser Arbeit fokussiert. Die Strukturierung von Dienstleistungen soll anhand der Klassifikation der Wirtschaftszweige (3.1) sowie exemplarisch dazu der Wirtschaftsabschnitt G (3.2) belegt werden, bevor auf die höhere Strukturierungsstufe der Eurostat (3.3) und auf eine weitere Gliederungsmöglichkeit nach Qualität, Fristigkeit und funktionalen Merkmalen (3.4) eingegangen wird.
Ein weiterer Schwerpunkt liegt in der Methodik und Anwendung von Dienstleistungsstatistiken (Kapitel 4), die abhängig vom Dienstleistungsstatistikgesetz (4.1) durchgeführt werden müssen. Die methodischen Grundlagen der Konjunktur- (4.2) und Strukturstatistiken (4.3) werden dabei am Beispiel des Einzelhandels näher beleuchtet.
Alle Dienstleistungsbranchen gehören einem Dachverband an (Kapitel 5), der speziell für eine (5.2) oder für die Gesamtheit der Dienstleistungsbranchen (5.1) verantwortlich ist. In diesem Zusammenhang stehen auch die wissenschaftlichen Analysen verschiedener Branchen des tertiären Sektors (Kapitel 6), die von den Verbänden in Zusammenarbeit mit Forschungsinstituten oder von eigenständigen Unternehmen durchgeführt werden.
Die Arbeit wird mit einem Fazit in Kapitel 7abgerundet. Dieses soll noch einmal die wichtigsten Aussagen dieser Arbeit herausstellen.

2 „Dienstleistung" — ein Definitionsversuch

Dienstleistungen gehören dem tertiären Wirtschaftssektor an. Es gibt eine Vielzahl an Definitionsversuchen des Dienstleistungsbegriffs. Der Bundesverband der Dienstleistungswirtschaft definiert Dienstleistungen als „Leistungen von wirtschaftlicher Natur[, die] gegen Entgelt für Kunden erbracht [werden]. Die Kunden sind eng in die Erstellung eingebunden. Dienstleistungen sind zwar nicht materiell, können aber materielle Anteile erhalten" (BDWi 2011). Ein weiteres oft erwähntes Merkmal von Dienstleistungen ist das gleichzeitige Eintreten von Produktion und Verbrauch (Gabler Wirtschaftslexikon 2011). Manche Autoren sprechen im Dienstleistungszusammenhang auch vom quartären Sektor. Sie bezeichnen damit Dienstleistungen, die sich hinsichtlich der Erwerbstätigkeit vom herkömmlichen tertiären Sektor sonderstellen. Dazu gehören vorrangig Dienstleistungen aus dem Bildungs- und Forschungswesen. Dieser Begriff hat sich allerdings noch nicht durchgesetzt (Leser 2005:719). Genauso schwierig wie das Finden einer allgemeingültigen Definition von Dienstleistungen ist auch deren Strukturierung, was in den folgenden Punkten verdeutlicht werden soll.

3 Strukturierung von Dienstleistungen

Dienstleistungen lassen sich anhand diverser Vorgehensweisen strukturieren, was sich nicht immer als einfach erweist. Die in Deutschland gängige Klassifikation der Wirtschaftszweige und die mit ihr verbundene Problematik der Einteilung von Dienstleistungen werden in 3.1 näher beleuchtet. Die Klassifikation wird anschließend exemplarisch am Wirtschaftsabschnitt G belegt (3.2), bevor deren Einordnung im Europäischen Statistiksystem aufgezeigt wird (3.3). Abschließen soll zusätzlich eine nicht durch den Staat festgelegte Klassifikation am Beispiel der Qualität, der Fristigkeit und den funktionalen Merkmalen (3.4) erfolgen.

3.1 Dienstleistungen als Teil der Klassifikation der Wirtschaftszweige

In der Klassifikation der Wirtschaftszweige (kurz: WZ) sind die verschiedenen Bereiche der Wirtschaftssektoren (primärer, sekundärer und tertiärer Sektor) mit ihren unterschiedlichen Anforderungen einheitlich klassifiziert. Daten, die sich auf statistische Einheiten beziehen — das kann eine fachliche, örtliche oder institutionelle Einheit sein, ein einzelner Betrieb oder eine Gruppe von Betrieben, die eine wirtschaftliche Gesamtheit bilden— sind in der WZ eingeordnet und dienen als Grundlage für die Erstellung von Statistiken. Bei der WZ handelt es sich um eine vollständige Erfassung der beobachteten Gesamtheit. Die Kategorien schließen sich gegenseitig aus, das heißt jedes relevante Element ist nur einer Kategorie zugeordnet. Grundlage für die Ermöglichung der einheitlichen Zuordnung der Elemente zu den verschiedenen Kategorien bilden methodische Grundsätze, auf die in Kapitel 4 näher eingegangen wird(Destatis 2008:7).

In den 1950er Jahren begann die Formulierung systematischer Verzeichnisse für statistische Zwecke. Die im Allgemeinen seit 1995 angewandte Klassifikation der Wirtschaftszweige basiert auf der Ausgabe im Jahr 1993 (WZ 93). Sie wurde entwickelt, um tätigkeitsbezogene Daten international und besonders EU-weitvergleichen zu können, indemsie sich seit dem auf die ISIC (International Standard Industrial Classification) und die NACE (Statistische Systematik der Wirtschaftszweige in der Europäischen Gemeinschaft, siehe 3.3) stützt. 2003 wurde eine Neufassung ausgearbeitet, die als WZ 2003 veröffentlicht wurde. Parallel zur Änderung der NACE Revision 2 wurde in 2008 „unter intensiver Beteiligung von Datennutzern aus Wirtschaft, Wissenschaft, Gesellschaft und Verwaltung sowie Datenproduzenten, d.h. der Statistischen Landesämter und der Fachabteilungen des Statistischen Bundesamtes" (Destatis 2008:15) die WZ 2008 vorgestellt(Destatis 2008:14-15).

Folgende Tabelle 1 gibt eine Übersicht über die Gliederungsebenen sowie der Anzahl und der Kodes der WZ 2008 und der WZ 2003.

Gliederungsebene	Anzahl (WZ 2008)	Kode (WZ 2008)	Anzahl (WZ 2003)	Kode (WZ 2003)
Abschnitte	21	A-U	17	A-Q
Unterabschnitte	-	-	31	AA-QA
Abteilungen	88	01-99	60	01-99
Gruppen	272	01.1-99.0	222	01.1-99.0
Klassen	615	01.11-99.00	513	01.11-99.00
Unterklassen	839	01.11.0-99.00.0	1.041	01.11.1-99.00.3

Tab. 1: Formaler Aufbau der WZ 2003 und 2008 (Quellen: Destatis 2007:2 und 2003:13).

Abschnitt A und B gehören dem primären Sektor an, die Abschnitte C bis F dem sekundären. Folglich werden jene von G bis U (WZ 2008) dem Dienstleistungssektor zugeschrieben. Da sich die Statistiken von vor 2008 auf die WZ 2003 beziehen, ist in folgender Tabelle 2 eine Gegenüberstellung der Wirtschaftsabschnitte des in dieser Arbeit relevanten tertiären Sektors dargestellt.

WZ 2003		WZ 2008	
Abschnitt	Bezeichnung	Abschnitt	Bezeichnung
G	Handel; Instandhaltung und Reparatur von Kraftfahrzeugen und Gebrauchsgütern	G	Handel; Instandhaltung und Reparatur von Kraftfahrzeugen
H	Gastgewerbe	I	Gastgewerbe
I	Verkehr und Nachrichtenübermittlung	H	Verkehr und Lagerei
		J	Information und Kommunikation
J	Kredit- und Versicherungsgewerbe	K	Erbringung von Finanz- und Versicherungsdienstleistungen
K	Grundstücks- und Wohnungswesen, Vermietung beweglicher Sachen, Erbringung von wirtschaftlichen Dienstleistungen, anderweitig nicht genannt (a. n. g.)	L	Grundstücks- und Wohnungswesen
		M	Erbringung von freiberuflichen, wissenschaftlichen und technischen Dienstleistungen
		N	Erbringung von sonstigen wirtschaftlichen Dienstleistungen
L	Öffentliche Verwaltung, Verteidigung, Sozialversicherung	O	Öffentliche Verwaltung, Verteidigung; Sozialversicherung
M	Erziehung und Unterricht	P	Erziehung und Unterricht
N	Gesundheits-, Veterinär- und Sozialwesen	Q	Gesundheits- und Sozialwesen
O	Erbringung von sonstigen öffentlichen und persönlichen Dienstleistungen	R	Kunst, Unterhaltung und Erholung
		S	Erbringung von sonstigen Dienstleistungen
P	Private Haushalte	T	Private Haushalte mit Hauspersonal; Herstellung von Waren und Erbringung von Dienstleistungen durch private Haushalte für den Eigenbedarf ohne ausgeprägten Schwerpunkt
Q	Exterritoriale Organisationen und Körperschaften	U	Exterritoriale Organisationen und Körperschaften

Tab. 2: Abschnitte der Dienstleistungsbereiche in der WZ 2003 und 2008 (Quelle: Destatis 2007:55).

Für die Klassifizierung von statistischen Einheiten gibt es Grundregeln. Jede der in den statistischen Unternehmensregistern verzeichneten statistischen Einheiten ist gemäß ihrer Haupttätigkeit einem WZ-Kode zugeordnet. Dabei gilt die Haupttätigkeit als jene, die den größten Beitrag zur Wertschöpfung dieser Einheit leistet, d.h. die jeweiligen Wertschöpfungsanteile der ausgeführten Tätigkeiten müssen bekannt sein. Da diese Informationsbeschaffung gelegentlich nicht möglich ist, muss die Klassifizierung der Tätigkeit mithilfe von Ersatzkriterien erfolgen. Zu solchen Größen gehören outputbasierte Ersatzgrößen (Bruttoproduktion der Einheit, Verkaufswert oder Umsatz der aus den jeweiligen Tätigkeiten hervorgegangen Waren und Dienstleistungen) und inputbasierte Ersatzgrößen (Lohn- und Gehaltssummen für die einzelnen Tätigkeiten, Zahl und Arbeitszeit der Mitarbeiter innerhalb der einzelnen Tätigkeiten). „Diese Ersatzgrößen sollten anstelle der unbekannten Wertschöpfungsdaten verwendet werden, um eine bestmögliche Annäherung an die Wertschöpfungsmethode zu erzielen" (Destatis 2008:24). Falls die Struktur der Ersatzgrößen nicht proportional zur (unbekannten) Wertschöpfung ist, kann diese Verwendung der genannten Ersatzgrößen jedoch zuweilen unangebracht sein, was beispielsweisen auf den Handel zutrifft. Hier weist der Handelsumsatz in der Regel einen weitaus niedrigeren Wertschöpfungsanteil auf als der Umsatz einer verarbeitenden Tätigkeit. Darüber hinaus ist für einige Wirtschaftszweige, wie dem der Finanz- und Versicherungsdienstleistungen, der Umsatz auf besondere Weise definiert, so dass er sich für Vergleiche mit anderen Wirtschaftszweigen nicht eignet (Destatis 2008:24-25).

Für die Zuordnung des WZ-Kodes stehen Hilfsmittel zur Verfügung, wie z.b. Erläuterungen der übergeordneten Klassifikation der Eurostat (hierzu mehr in Abschnitt 3.3). Jede Einheit wird auf der untersten Gliederungsebene, sprich der Unterklasse, eingeordnet (Destatis 2008:23).Weiter kann es auch sein, dass sich die Haupttätigkeit einer statistischen Einheit kurz- oder längerfristig ändert. In solch einem Fall wird die Einordnung der Einheiten nicht überarbeitet, denn „allzu häufige Änderungen [können] zu Inkonsistenzen zwischen kurzfristigen (monatlichen und vierteljährlichen) und längerfristigen Statistiken führen und deren Interpretation extrem erschweren" (Destatis 2008:29).

Weitere Klassifizierungsschwierigkeiten liegen bei der Auslagerung der Erbringung von Dienstleistungen vor. Lagert der Auftraggeber *einen Teil* der Dienstleistungstätigkeit aus, so ist er auf diese Weise zu klassifizieren, als würde er die gesamte Dienstleistung erbringen. Der Subunternehmer indessen wird gemäß dem von ihm erbrachten Teil der Dienstleistungstätigkeit zugeordnet. Lagert er hingegen die *gesamte* Dienstleistungstätigkeit aus, werden sowohl Subunternehmer als auch er so klassifiziert, als würden sie die gesamte Dienstleistungstätigkeit durchführen (Destatis 2008:34).

Anhand der dargestellten Methoden zur Klassifizierung einer statistischen Einheit wird deutlich, dass deren Zuordnung zu einer Unterklasse innerhalb eines Wirtschaftsabschnitts nicht immer leicht von Statten geht. Dies trifft vor allem auf den Dienstleistungssektor zu, dessen ausgeübte Tätigkeiten statistischer Einheiten oft fließende Übergänge vorweisen.

3.2 Einteilung eines Dienstleistungsabschnitts am Beispiel des Abschnitts G (WZ 2008) - Handel

Jeder Wirtschaftsabschnitt ist in weitere Ordnungen untergliedert, den sogenannten Abteilungen, Gruppen, Klassen und Unterklassen. Diese Einordnung soll im Folgenden exemplarisch am Wirtschaftsabschnitt G *Handel; Instandhaltung und Reparatur von Kraftfahrzeugen* der WZ 2008 erläutert werden.

Der Abschnitt G umfasst den „Groß- und Einzelhandel (d.h. Verkauf ohne Weiterverarbeitung) mit jeder Art von Waren und die Erbringung von Dienstleistungen beim Verkauf von

Waren" (Destatis 2008:360). Des Weiteren umfasst der Abschnitt die Instandhaltung und Reparatur von Kraftfahrzeugen. Die folgende Tabelle 3 stellt die Einteilung dieses Abschnitts nach Abteilungen und Gruppen dar.

G	HANDEL; INSTANDHALTUNG UND REPARATUR VON KRAFTFAHRZEUGEN
45	Handel mit Kraftfahrzeugen; Instandhaltung und Reparatur von Kraftfahrzeugen
45.1	Handel mit Kraftwagen
45.2	Instandhaltung und Reparatur von Kraftwagen
45.3	Handel mit Kraftwagenteilen und -zubehör
45.4	Handel mit Krafträdern, Kraftradteilen und -zubehör; Instandhaltung und Reparatur von Krafträdern
46	Großhandel (ohne Handel mit Kraftfahrzeugen)
46.1	Handelsvermittlung
46.2	Großhandel mit landwirtschaftlichen Grundstoffen und lebenden Tieren
46.3	Großhandel mit Nahrungs- und Genussmitteln, Getränken und Tabakwaren
46.4	Großhandel mit Gebrauchs- und Verbrauchsgütern
46.5	Großhandel mit Geräten der Informations- und Kommunikationstechnik
46.6	Großhandel mit sonstigen Maschinen, Ausrüstungen und Zubehör
46.7	Sonstiger Großhandel
46.9	Großhandel ohne ausgeprägten Schwerpunkt
47	Einzelhandel (ohne Handel mit Kraftfahrzeugen)
47.1	Einzelhandel mit Waren verschiedener Art (in Verkaufsräumen)
47.2	Einzelhandel mit Nahrungs- und Genussmitteln, Getränken und Tabakwaren (in Verkaufsräumen)
47.3	Einzelhandel mit Motorenkraftstoffen (Tankstellen)
47.4	Einzelhandel mit Geräten der Informations- und Kommunikationstechnik (in Verkaufsräumen)
47.5	Einzelhandel mit sonstigen Haushaltsgeräten, Textilien, Heimwerker- und Einrichtungsbedarf (in Verkaufsräumen)
47.6	Einzelhandel mit Verlagsprodukten, Sportausrüstungen und Spielwaren (in Verkaufsräumen)
47.7	Einzelhandel mit sonstigen Gütern (in Verkaufsräumen)
47.8	Einzelhandel an Verkaufsständen und auf Märkten
47.9	Einzelhandel, nicht in Verkaufsräumen, an Verkaufsständen oder auf Märkten

Tab. 3: Einteilung des Wirtschaftabschnitts G nach Abteilungen und Gruppen(WZ 2008) (Quelle: Destatis 2008:360-403).

Abschnitt G setzt sich demnach aus drei Abteilungen, nämlich Nr. 45, 46 und 47 sowie aus insgesamt 21 Gruppen zusammen. Davon entfallen vier Gruppen auf die Abteilung 45, acht auf 46 und neun auf 47.

Scheint die Einordnung in Gruppen bereits sehr kleingliedrig, so ist sie weitaus spezieller bei weiterer Betrachtung der Einteilung in Klassen und Unterklassen. Diese wurden auf Basis der relativen Bedeutung der ihnen zuzuordnenden Tätigkeiten, bezogen auf die nationale wirtschaftliche Relevanz, festgelegt. (Destatis 2008:19-20). Dieser Sachverhalt ist Tabelle 4 zu entnehmen, in der exemplarisch die Abteilung *Einzelhandel (ohne Handel mit Kraftfahrzeugen)* mit ihrer Gruppe *Einzelhandel mit sonstigen Gütern (in Verkaufsräumen)*(roter Schriftzug in Tabelle 3) repräsentiert ist.

G	HANDEL; INSTANDHALTUNG UND REPARATUR VON KRAFTFAHRZEUGEN
47	Einzelhandel (ohne Handel mit Kraftfahrzeugen)
47.7	Einzelhandel mit sonstigen Gütern (in Verkaufsräumen)
47.71	Einzelhandel mit Bekleidung
47.71.0	Einzelhandel mit Bekleidung
47.72	Einzelhandel mit Schuhen und Lederwaren
47.72.1	Einzelhandel mit Schuhen
47.72.2	Einzelhandel mit Lederwaren und Reisegepäck
47.73	Apotheken
47.73.0	Apotheken
47.74	Einzelhandel mit medizinischen und orthopädischen Artikeln
47.74.0	Einzelhandel mit medizinischen und orthopädischen Artikeln
47.75	Einzelhandel mit kosmetischen Erzeugnissen und Körperpflegemitteln
47.75.0	Einzelhandel mit kosmetischen Erzeugnissen und Körperpflegemitteln
47.76	Einzelhandel mit Blumen, Pflanzen, Sämereien, Düngemitteln, zoologischem Bedarf und lebenden Tieren
47.76.1	Einzelhandel mit Blumen, Pflanzen, Sämereien und Düngemitteln
47.76.2	Einzelhandel mit zoologischem Bedarf und lebenden Tieren
47.77	Einzelhandel mit Uhren und Schmuck
47.77.0	Einzelhandel mit Uhren und Schmuck
47.78	Sonstiger Einzelhandel in Verkaufsräumen (ohne Antiquitäten und Gebrauchtwaren)
47.78.1	Augenoptiker
47.78.2	Einzelhandel mit Foto- und optischen Erzeugnissen (ohne Augenoptiker)
47.78.3	Einzelhandel mit Kunstgegenständen, Bildern, kunstgewerblichen Erzeugnissen, Briefmarken, Münzen und Geschenkartikeln
47.78.9	Sonstiger Einzelhandel a. n. g. (in Verkaufsräumen)
47.79	Einzelhandel mit Antiquitäten und Gebrauchtwaren
47.79.1	Einzelhandel mit Antiquitäten und antiken Teppichen
47.79.2	Antiquariate
47.79.9	Einzelhandel mit sonstigen Gebrauchtwaren

Tab. 4: Einteilung der Abteilung 47, Gruppe 7 des Wirtschaftabschnitts G nach Klassen und Unterklassen (WZ 2008) (Quelle: Destatis 2008:389-403).

Es gibt einige Klassen, deren Unterklassen denselben Titel aufweisen wie die dazugehörige übergeordnete Klasse. Dies kommt vor, wenn sich eine Klasse nicht weiter untergliedern lässt aufgrund ihrer bereits bestehenden Präzision. In diesem Fall wird der Unterklasse die Ziffer Null angehängt. Lässt sich eine Klasse weiter abstufen, dann geschieht dies der Reihe nach, beginnend mit Ziffer Eins, wobei maximal neun Unterklassen definiert sind. Die neunte Unterklasse besteht immer aus ‚sonstiges' der jeweiligen Klasse, sofern ein ‚sonstiges' besteht.

3.3 NACE: Statistische Systematik der Wirtschaftszweige in der Europäischen Gemeinschaft

Die *Statistische Systematik der Wirtschaftszweige in der Europäischen Gemeinschaft* (frz. *Nomenclaturestatistique des activitéséconomiquesdans la Communautéeuropéenne*, kurz: NACE) wurde von Seiten der Europäischen Union, basierend auf der statistischen Strukturierung der Vereinten Nationen (*International Standard Industrial Classification*, kurz: ISIC), als System zur Klassifizierung von Wirtschaftszweigen durch die Eurostat entworfen. Die deutsche Klassifikation der Wirtschaftszweige stellt die nationale Version der NACE dar. Statistiken, die auf Grundlage der NACE erstellt werden, sind europa- und im Allgemeinen auch weltweit vergleichbar. „Innerhalb des europäischen statistischen Systems ist die Verwendung der NACE verbindlich" (Eurostat 2008:13).

Die NACE stellt eine Ableitung der ISIC, allerdings mit einer feineren Untergliederung dar. Auf der höchsten Ebene stimmen beide Klassifikationen überein, während die NACE auf den tieferen Ebenen detaillierter vorliegt. Ein ähnlicher Sachverhalt liegt beim Vergleichen der NACE mit der WZ 2008 vor. Hier sind alle Ebenen in der Strukturierung und Benennung identisch, bis auf die Unterklassen, die in der NACE aufgrund der zu detaillierten Struktur nicht vorkommen (Eurostat 2008:14).

3.4 Gliederung nach Qualität, Fristigkeit und funktionalen Merkmalen

Eine Vielzahl an Gliederungssystemen für Dienstleistungen wurde bereits entwickelt. So führte GOTTMANN 1961 eine Untergliederung der Dienstleistungen nach ihrer *Qualität* ein, bei der zwischen *tertiären* und *quartären Diensten* differenziert wird. Dem tertiären Sektor schreibt er klassische, eher arbeitsintensive Dienstleistungen zu, wie zum Beispiel Gastronomie, Handel, persönliche Dienste, Reparatur und Verkehr. Moderne, eher humankapitalintensive Dienstleistungen wie Finanzdienstleistungen, Forschung & Entwicklung, Bildung, Beratung, Rechts- und Gesundheitswesen zählt er zum quartären Sektor (Kulke 2006:125-126).

DANIELS führte 1993 den Begriff der *Fristigkeit* im Zusammenhang mit Dienstleistungen ein, wobei er speziell auf die Häufigkeit der Nutzung anspielt. Häufig nachgefragte Dienste (Lebensmitteleinzelhandel, Gastronomie, Kino etc.) betitelt er mit *kurzfristig*, in gewissen Abständen nachgefragte Dienste (Fachmedizin, Reparatur, Bekleidungseinzelhandel etc.) mit *mittelfristig* und seltener nachgefragte Dienste (Lebensversicherungen, Hypothekenbanken, Möbeleinzelhandel etc.) mit *langfristig* (Kulke 2006:126).

„Als sehr praktikabel und häufig eingesetzt erweist sich die Gliederung nach funktionalen Merkmalen und Trägergruppen der Leistungen" (Kulke 2006:126), die 1978 von SINGELMANN formuliert wurde. Dabei benennt er Dienstleistungen mit verteilenden und vermittelnden Funktionen (Großhandel, Verkehr, Transport etc.) als *distributiv*, solche, die Endverbraucher versorgen (Einzelhandel, Gastronomie, Fremdenverkehr, Friseur etc.) als *konsumentenorientiert* und solche für Unternehmen (Forschung & Entwicklung, Beratung, Wartung, Werbung etc.) als *unternehmensorientiert*. Die Versorgung von Personen durch öffentliche und private Einrichtungen (Bildungs-, Gesundheits-, Sozialdienste, Administration etc.) bezeichnet er mit *soziale/öffentliche* Dienstleistungen (Kulke 2006:126-127).

4 Methodik und Anwendung von Dienstleistungsstatistiken

Im Folgenden werden die methodischen Grundlagen der Konjunkturstatistiken (4.2) und der Strukturstatistiken (4.3) sowie deren Anwendungen am Beispiel des Einzelhandels vorgestellt. Die zur Dienstleistungsstatistik zugehörige Gesetzesgrundlage wird zu Beginn (4.1) kurz erläutert.

4.1 Gesetzesgrundlage: Dienstleistungsstatistikgesetz (DlStatG)

Das Dienstleistungsstatistikgesetz (kurz: DlStatG), das am 19. Dezember 2000 ausgefertigt und zuletzt am 17. März 2008 geändert wurde, ist das Gesetz über Statistiken im Dienstleistungsbereich. In ihm ist festgehalten, dass statistische Erhebungen als Bundesstatistik jährlich mit einer Stichprobe von höchstens 15 Prozent aller Erhebungseinheiten durchgeführtwerden, um die Entwicklung der wirtschaftlichen Tätigkeit im Dienstleistungsbereich darzustellen. Die Erhebungen erstrecken sich dabei auf die Dienstleistungsbereiche der Abschnitte H, J, L, M, N und S der WZ 2008. Erhebungseinheiten sind nach § 2 Abs. 2 „Unternehmen und Einrichtungen zur Ausübung einer freiberuflichen Tätigkeit, die in den [oben erwähnten] Dienstleistungsbereichen [...] tätig sind" (BMJ 2011).Im DlStatG ist ebenfalls die Auskunftspflicht der Inhaber oder Leiter der genannten Tätigkeiten für die Erhebungen festgehalten.
Mit dem DlStatG werden im Wesentlichen zwei Ziele verfolgt: zum einen die „Schließung der bislang bestehenden Datenlücken für Unternehmensangaben aus dem Dienstleistungsbereich im nationalen Rahmen" (Destatis 2010b:6) und zum anderen die „Realisierung der deutschen Lieferverpflichtungen für Unternehmensangaben dieses Bereiches gegenüber der Europäischen Union" (Destatis 2010b:6).

	Konjunkturstatistik			Strukturstatistik		
Abschnitt	G und H	I und K	G und H	I und K	J	M, N und O
Bezeichnung	Handel und Gastgewerbe	Verkehr und Nachrichtenübermittlung, Grundstücks- und Wohnungswesen, Vermietung beweglicher Sachen, Erbringung von wirtschaftlichen Dienstleistungen, a. n. g.	Handel und Gastgewerbe	Verkehr und Nachrichtenübermittlung, Grundstücks- und Wohnungswesen, Vermietung beweglicher Sachen, Erbringung von wirtschaftlichen Dienstleistungen, a. n. g.	Kredit- und Versicherungsgewerbe	Erziehung und Unterricht, Gesundheits-, Veterinär- und Sozialwesen sowie Erbringung von sonstigen öffentlichen und persönlichen Dienstleistungen
Periodizität	Monatlich	Quartalsweise	Jährlich	Jährlich	Jährlich	Quartalsweise
Nationale Rechtsgrundlage	Handelsstatistikgesetz in Verbindung mit dem Bundesstatistikgesetz	Dienstleistungskonjunkturstatistikgesetz in Verbindung mit dem Bundesstatistikgesetz	Handelsstatistikgesetz in Verbindung mit dem Bundesstatistikgesetz	Dienstleistungskonjunkturstatistikgesetz in Verbindung mit dem Bundesstatistikgesetz	Versicherungsaufsichtsgesetz in Verbindung mit dem Bundesstatistikgesetz	Gesetz über Kostenstrukturstatistik in Verbindung mit dem Bundesstatistikgesetz
Erhebungseinheit	Unternehmen	Unternehmen sowie Einrichtungen zur Ausübung einer freiberuflichen Tätigkeit	Unternehmen	Unternehmen sowie Einrichtungen zur Ausübung einer freiberuflichen Tätigkeit	Aufsichtspflichtige Versicherungsunternehmen	Praxen (N) und Unternehmen bzw. Einrichtungen (M und O)
Erhebungsinhalte	Umsatz sowie Zahl der tätigen Personen, unterteilt nach Vollzeit- und Teilzeittätigkeit	Umsatz bzw. Einnahmen sowie Zahl der tätigen Personen	Tätige Personen, Umsätze nach Art der Tätigkeit u. sonstige betriebliche Erträge, Aufwendungen, Bestände, Steuern u. sonstige öffentl. Abgaben, Subventionen sowie Investitionen	Tätige Personen, Umsätze bzw. Einnahmen u. sonstige betriebliche Erträge, Aufwendungen, Bestände, Steuern u. sonstige öffentliche Abgaben, Subventionen sowie Investitionen	Tätige Personen, Beiträge nach Produkten u. Herkunftsländern (Kundensitz), Aufwendungen, Kapitalanlagen, sonstige Erträge, Sitzland der Muttergesellschaft	Tätige Personen, Umsätze bzw. Einnahmen nach Arten, Aufwendungen, betriebliche Steuern und sonstige öffentliche Abgaben (Letztere nicht bei Praxen)
Auswahlverfahren	Stichprobe mit Abschneidegrenze (Mindestumsatz)	Vollerhebung als Mixmodell aus Verwaltungsdaten u. Primärerhebungsdaten	Stichprobe	Stichprobe	Vollerhebung aus Verwaltungsdaten	Stichprobe
Stichprobenumfang	Höchstens 40.000 Unternehmen im Handel bzw. 10.000 Unternehmen im Gastgewerbe	Entfällt	Höchstens 55.000 Unternehmen im Handel bzw. 12.000 Unternehmen im Gastgewerbe	Höchstens 15% der Auswahlgesamtheit	Entfällt	Höchstens 5% der Auswahlgesamtheit

Tab. 5: Überblick über die verschiedenen Konjunktur- und Strukturstatistiken sowie eine Auswahl der Methoden (Quelle: Destatis 2009:13-15).

4.2 Konjunkturstatistiken

In diesem Punkt werden die methodischen Vorgehensweisen bei monatlichen bzw. vierteljährigen Erhebungen – den Konjunkturstatistiken – näher erläutert. Tabelle 5 soll dabei als Übersicht zur besseren Orientierung und Gegenüberstellung zur Strukturstatistik dienen.

4.2.1 Methodische Grundlage der Konjunkturstatistiken

Bei den Konjunkturerhebungen handelt es sich um unterjährige Erhebungen, das heißt sie werden monatlich (Wirtschaftsabschnitte G und H nach WZ 2003) bzw. quartalweise (Wirtschaftsabschnitte I und K nach WZ 2003) durchgeführt (Tabelle 1). Konjunkturerhebungen sollen Aufschluss über die konjunkturelle Entwicklung der einzelnen Dienstleistungsbereiche geben. Die Konjunktur wird dabei anhand der geeigneten Indikatoren *Umsatz* und *tätige Personen* (Synonym zum Begriff *Beschäftigte*) gemessen (Beschluss der Europäischen Gemeinschaft) (Destatis 2009:16-17).
Exemplarisch wird im folgenden Abschnitt 4.2.2 die Anwendung der Konjunkturstatistik am Einzelhandel näher erläutert. Das Beispiel ist auf die oben genannten relevanten Wirtschaftsabschnitte der gesamten Konjunkturstatistik zu beziehen.

4.2.2 Anwendung am Beispiel statistischer Daten des Einzelhandels

Seit Januar 1980 finden monatliche Erhebungen der Daten zum Umsatz und der Anzahl der tätigen Personen (Voll- und Teilzeitbeschäftigung) in Unternehmen des Einzelhandels statt. Dabei fließt die Gesamtheit aller Unternehmen, deren Schwerpunkt in einer Handelstätigkeit liegt, in die Grundgesamtheit der Monatsstatistiken ein. Zur Ermittlung dieser in Frage kommenden Unternehmen dient das Unternehmensregister. Fünf Prozent aller Erhebungseinheiten werden anschließend in die Stichprobenerhebung einbezogen. Davon wird weiterhin mittels Zufallsstichprobe, die dreifach nach den Merkmalen Bundesland, Branchengruppe und Umsatzgrößenklasse geschichtet ist, eine Auswahl aller auskunftspflichtigen Unternehmen getroffen. Im Einzelhandel werden nur größere Unternehmen mit einem jährlichen Mindestumsatz von 250.000 Euro zur Monatsstatistik herangezogen. Kleinere sind von der monatlichen Erhebung ausgenommen und melden nur zur Jahreserhebung (Strukturerhebung, siehe 4.3) (Destatis 2009:17).
Bei der Erhebung statistischer Daten im Einzelhandel handelt es sich um eine dezentrale Erhebung, das heißt sie wird nicht vom Statistischen Bundesamt sondern von den Statisti-

schen Ämtern der Länder durchgeführt. Die Stichprobe wird später auf die Grundgesamtheit hochgerechnet. Erste Ergebnisse liegen bereits 30 Tage nach Ende des Berichtsmonats vor (Destatis 2009:17-18).

Im nachstehenden Diagramm 1 ist ein Auszug (Januar 2003 bis Dezember 2005) der monatlichen Einzelhandelsstatistik für die in Kapitel 3.2 bereits erläuterte Abteilung 47 *Einzelhandel (ohne Handel mit Kraftwagen)* und eine Auswahl der Gruppen sowie deren Klassen und Unterklassen visualisiert. Die Darstellung bezieht sich auf den Indikator *Beschäftigte insgesamt*, wobei sich der Indexwert 100 auf den Durchschnittswert der zwölf Monate des Jahres 2005 bezieht.

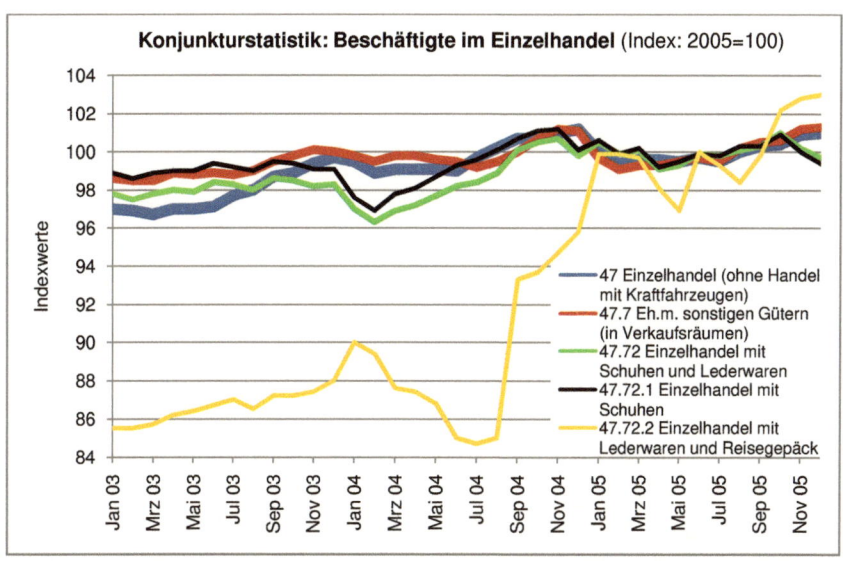

Diagr. 1: Entwicklung der Anzahl an Beschäftigten insgesamt im Einzelhandel 2003 bis 2005, monatsweise, nach WZ 2008 (ausgewählte Klassen und Unterklassen) (Quelle: Destatis 2011b).

Es geht nun weniger darum, wie sich die Beschäftigten im Einzelhandel entwickelten, sondern vielmehr, dass solchen Darstellungsweisen einige Informationen zu entnehmen sind, je nachdem, wie detailliert die Abteilung wiedergegeben wird. Betrachtet man beispielsweise die Klasse 47.72 mit ihren beiden Unterklassen, so fällt auf, dass die erste Unterklasse eine annähernd parallele Entwicklung zur Klasse aufweist. Die Beschäftigten der Klasse liegen dabei nur gering unter den Indexwerten der ersten Unterklasse. Daraus lässt sich schließen, dass im Einzelhandel mit Lederwaren und Reisegepäck weitaus weniger Beschäftigte vorliegen müssen, denn die negative Gewichtung (hervorgerufen durch die niedrigen Indexwerte) müsste bei einem höheren Beschäftigungswert die Klasse mehr in den unteren Indexwertebereich ‚ziehen'. Die Unterklasse 47.72.2 beeinflusst folglich nur gering die Klasse selbst. Wie dieser Sachverhalt bei jährlichen Erhebungen vorliegt, wird im folgenden Punkt 4.3 näher beleuchtet.

4.3 Strukturstatistiken

In diesem Punkt werden die methodischen Handhabungen bei jährlichen Erhebungen — den Strukturstatistiken — näher erläutert. Tabelle 5 soll dabei weiterhin als Übersicht zur besseren Orientierung und Gegenüberstellung zur Konjunkturstatistik dienen.

4.3.1 Methodische Grundlage der Strukturstatistiken

Zu den Konjunkturstatistiken werden die Wirtschaftsabschnitte G und H sowie I und K seit dem Berichtsjahr 2000 zusätzlich als Strukturstatistiken in Form von Jahreserhebungen dargestellt. Hinzu kommt die Präsentation der Abschnitte J (ebenfalls jährlich) sowie M, N und O (quartalweise). Durch die jährlichen Erhebungen werden wirtschaftspolitisch bedeutsame Informationen, sprich ökonomische Kerndaten über die Unternehmensstrukturen im tertiären Sektor vermittelt. Die Nachweisung erfolgt vorrangig in der Untergliederung nach Bundesländern, Wirtschaftszweigen und Größenklassen anhand derselben Indikatoren wie bei den Konjunkturstatistiken (Destatis 2009:19).

Die Strukturerhebung, die der Auskunftspflicht unterliegt, zielt auf ein zuverlässiges, amtliches Zahlenmaterial ab, um damit eine Basis für den Nachweis des Strukturwandels in diesem sehr heterogenen Wirtschaftsbereich zu bilden. Ein weiterer Zweck liegt im Beitrag zur Verbesserung der Wertschöpfungsberechnungen auf Bundes- und Landesebene (Destatis 2011a:Abs. 2).

Grundlagen für die Ermittlung der Strukturerhebungsdaten bilden höchsten 15% aller Erhebungseinheiten (Auswahlgesamtheit), das heißt Unternehmen und Einrichtungen zur Ausübung einer freiberuflichen Tätigkeit. Dabei wird die Auswahlgesamtheit anhand des bei den Statistischen Ämtern des Bundes und der Länder geführten Unternehmensregisters festgelegt, welches eindeutige Daten zur Identifizierung der erfassten Einheiten enthält (Destatis 2011a:Abs. 7-8).

Da es sich bei der Strukturerhebung im Dienstleistungssektor um eine Stichprobenerhebung handelt, sind Unschärfebereiche — in der Statistik als Standardfehler bezeichnet — nicht auszuschließen. Je detaillierter das Ergebnis hinsichtlich Wirtschaftszweig, Unternehmensgrößenklasse, regionaler Zuordnung oder Merkmalsuntergliederung ist, desto höher sind die stichprobenbedingten Fehler (Stichprobenzufallsfehler) (Destatis 2011a:Abs.).

4.3.2 Anwendung am Beispiel statistischer Daten des Einzelhandels

Genau wie bei den monatlichen Erhebungen im Einzelhandel liegt auch bei den jährlichen eine dreifach geschichtete Zufallsstichprobe sowie eine dezentrale Erhebungsmethodik vor, die allerdings bei etwa sieben Prozent der Unternehmen durchgeführt wird. Auf den gesamten Handelszweig bezogen sind somit höchstens 55.000 Unternehmen mit wirtschaftlichem Schwerpunkt im Handel auskunftspflichtig. Die Grundgesamtheit wird auch hier anhand des Unternehmensregisters festgelegt. Es gilt strikt, dass nur rechtlich selbstständige Unternehmen mit Sitz in Deutschland als Erhebungseinheiten aufgenommen werden. Im Ausland gelegene Unternehmensanteile sind ausgeschlossen. Zum Erhebungsprogramm zählen Jahresumsatz, Investitionen, Wareneingang und Lagerbestände am Anfang und am Ende eines jeden Berichtsjahres sowie tätige Personen, Bruttoentgeltsumme und Sozialabgaben. Im Handelszweig erfolgt anschließend eine Aufgliederung des Gesamtumsatzes nach Art der ausgeübten wirtschaftlichen Tätigkeiten sowie nach Gütergruppen (Destatis 2009:20).

Tief gegliederte Länderergebnisse werden nur durch die Statistischen Ämter der Länder veröffentlicht. Für die EU-Statistik in Frage kommende Ergebnisse der Variablen werden durch Destatis direkt an Eurostat weitergeleitet (Destatis 2009:21).

Im nachstehenden Diagramm 2 sind die Beschäftigten im Einzelhandel (dieselbe Auswahl an Unterklassen, Klassen etc. wie beim Beispiel der Konjunkturstatistik) insgesamt grafisch aufbereitet. Der rotgepunktete Kasten soll den Ausschnitt des bei der Konjunkturerhebung verwendeten Beispiels des Einzelhandels aufzeigen.

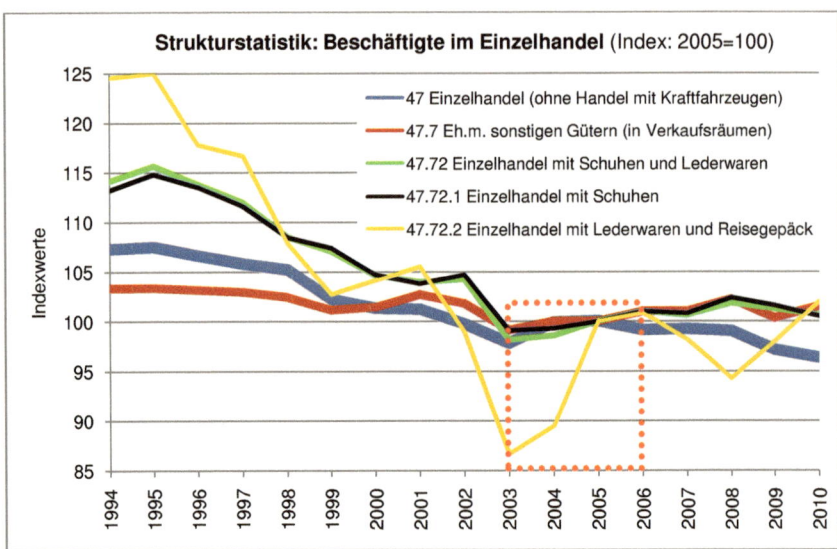

Diagr. 2: Entwicklung der Anzahl an Beschäftigten insgesamt im Einzelhandel 1994 bis 2010, jahresweise, nach WZ 2008 (ausgewählte Klassen und Unterklassen) (Quelle: Destatis 2011b).

Die Daten vor 2000 wurden nicht in Form von Strukturerhebungen gefordert und können daher nur bedingt interpretiert werden. Die Daten ab dem Jahr 2000 können anhand dergleichen Argumentation wie in Punkt 4.2.2 erörtert werden. Berechnet man die jährlichen Durchschnittswerte der Konjunkturstatistikdaten, dann sind diese exakt die Werte der Strukturerhebung.

5 Dienstleistungsverbände

Verbände der Dienstleistungswirtschaft vertreten die Interessen der Mitgliedsunternehmen. Im Folgenden werden Bundesverbände der Dienstleistungsbranche (5.1) und Beispiele von Bundesverbänden spezieller Dienstleistungsbranchen (5.2) vorgestellt.

5.1 Bundesverbände der Dienstleistungsbranche

Es gibt eine Reihe an Bundesverbänden innerhalb der Dienstleistungsbranche, wie z.B. der Bundesverband Großhandel, Außenhandel, Dienstleistungen e.V. (BGA), der durch 43 Branchenverbände und 26 Landes- und Regionalverbände rund 120.000 deutsche Unternehmen vertritt (BGA 2011:Abs. 3+8). Aufgrund der Vielzahl an Verbänden werden in diesem Abschnitt nur zwei Verbände, nämlich der BDWi und der BDD näher vorgestellt.

Der Bundesverband der Dienstleistungswirtschaft (BDWi), mit Bundesgeschäftsstelle in Berlin, repräsentiert 20 Branchen der Dienstleistungswirtschaft, deren Berufsverbände im BDWi zusammengeschlossen sind. Der BDWi vertritt mehr als 100.000 Dienstleistungsunternehmen, die vornehmlich mittelständisch geprägt sind. „Die Betriebe der Mitgliedsverbände des BDWi beschäftigen insgesamt mehr als eine Millionen Mitarbeiter in Deutschland und darüber hinaus" (BDWi 2011).Zu den Mitgliedern gehören beispielsweise der Bund Deutscher Baumschulen (BdB), der Bundesverband Deutscher Versicherungskaufleute e.V. (BVK) sowie der Bundesverband Personalvermittlung e.V. (BPV).DerBDWi setzt sich für eine zur Industrie und zum Handwerk gleichwertig politische und gesellschaftliche Akzeptanz der Dienstleistungswirtschaft ein (BDWi2011).

Des Weiteren gibt es den Bundesverband der Dienstleistungsunternehmen (BDD) mit Bundesgeschäftsstelle in Osnabrück. Diesergilt als erster Verband im Bundesgebiet. Er vertritt ebenfalls die Interessen der Dienstleister, um in der Öffentlichkeit Zustimmung zu gewinnen und politisch akzeptiert zu werden (BDD 2011). Der BDD wird durch seine Regionalverbände in den Regionen Berlin-Brandenburg, Braunschweig, Hamburg, Hannover-Hildesheim, Hessen, Krefeld, Lüneburger Heide, Nordwest, Ostwestfalen und Südwestfalen präsentiert (BDD 2011).

5.2 Beispiele von Bundesverbänden spezieller Dienstleistungsbranchen

Neben den Dachverbänden der gesamten Dienstleistungsbranche gibt es auch Verbände, die sich auf bestimmte Dienstleistungsberufe spezialisieren. Hierzu sollen exemplarisch der Bundesverband der Freien Berufe (BFB), der Deutsche Franchise Verband e.V. (DFV) sowie der Handelsverband Deutschland (HDE) kurz vorgestellt werden.

Der BFB, der bereits 1949 gegründet wurde und seinen Hauptsitz in Berlin hat, gilt als Dachverband der Spitzenvereinigungen der Freien Berufe und vertritt in Deutschland die gemeinsamen Interessen von über einer Million Freiberufler. Ihm gehören heute 16 Landesverbände sowie 58 Organisationen aus den Bereichen heilkundliche Berufe, rechts-, steuer- und wirtschaftsberatende Berufe, technisch-naturwissenschaftliche Berufe, pädagogische, psychologische und übersetzende Berufe sowie publizistische und künstlerische Berufe an. Der BFB fördert die Freien Berufe und vertritt deren Interessen gegenüber Bund, Ländern und der Öffentlichkeit. (BFB 2011).

Der DFV wurde 1978 gegründet und hat seinen Hauptsitz ebenfalls in Berlin. Er versteht sich in der Hauptsache als Verband für Franchise-Geber und Franchise-Nehmer. Derzeit zählt der Verband rund 285 Mitglieder. Wie auch die anderen Bundesverbände vertritt der DFV die Interessen der gesamten Franchise-Branche. Der DFV hat sich zum Ziel gesetzt, den „Bekanntheitsgrad und das Image von Franchising sowie die Finanzierung von Franchise-Nehmern und Franchise-Gebern zu fördern" (DFV 2011).

Der HDE gilt als Spitzenorganisation des deutschen Einzelhandels, wurde in 1919 gegründet und hat seinen Hauptstandort ebenfalls in Berlin. Die HDE-Mitglieder engagieren sich gemeinsam für die flächendeckende Nahversorgung sowie für ein qualitativ hochwertiges Sortiment zu günstigen Preisen. „Als Vertreter der drittgrößten Wirtschaftsbranche [...] nimmt der HDE die Verantwortung für jeden zwölften Arbeitsplatz in Deutschland wahr" (HDE 2011). Der HDE ist weiter in Landes-, Regional- und Bundesfachverbände untergliedert. Zu letztgenanntem zählen beispielsweise der Bundesverband des Deutschen Lebensmittelhandels e.v. (BVL), der Verband Deutscher Sportfachhandel e.v. (VDS) oder der Verband des Deutschen Zweiradhandels e.V. (HDE 2011).

All diese kurz erwähnten Bundesverbände leisten zum Teil in eigener Aufgabe wissenschaftliche Arbeiten zu ihren Verbandsschwerpunkten. Auf diesen Sachverhalt soll im nachstehenden Kapitel eingegangen werden.

6 Wissenschaftliche Analysen in der Dienstleistungsbranche

Die oben genannten Verbände arbeiten zum Teil unabhängig von den Statistiken des Bundesamtes mit Kooperationen an wissenschaftlichen Analysen. Ferner gibt es selbstständige Unternehmen, die Analysen und Prognosen zu Dienstleistungsthemen veröffentlichen, so z.b. die Prognos AG, auf die in diesem Abschnitt ebenfalls kurz eingegangen werden soll. Der BFB arbeitet beispielsweise mit dem Deutschen Institut für Freie Berufe (Universität Erlangen-Nürnberg) und dem Forschungsinstitut Freie Berufe (Universität Lüneburg) wissenschaftlich zusammen (BFB 2011). Eines der aktuellen Projekte beschäftigt sich mit dem Thema *Fahrlehrer in Nordrhein-Westfalen*. Dieses Berufsbild hat sich den Anfängen der Fahrausbildung für Automobile stark gewandelt, die Tätigkeitsfelder haben sich enorm erweitert (IFB 2011:Abs. 2).

Der DFV arbeitet in wissenschaftlicher Begleitung mit dem Internationalen Centrum für Franchising und Cooperation (F&C, Universität Münster), deren Studien den Mitgliedern zur Verfügung gestellt werden (DFV 2011). Aktuelle Projekte belaufen sich beispielsweise auf Themen des *Wissensmanagement*, des *Social Franchising* und des *Network Governance*(F&C 2011).

Der HDE führt mit dem Institut für Handel & Internationales Marketing (H.I.MA.) regelmäßigStudien durch, die detailliertere Aussagen enthalten als jene der Konjunktur- oder Strukturerhebungen des Statistischen Bundesamtes. Neben der Anzahl der Unternehmen, dem Jahresumsatz und den Beschäftigten werden z.b. die Zahl der Auszubildenden, die Vielfalt der Vertriebsformen, die Produktvielfalt und die Lebensmittelpreise untersucht (HDE 2011).

Das Unternehmen Prognos AG, das 1959 gegründet wurde, erstellt Analysen und Prognosen für Bereiche der Dienstleistungswirtschaft, um mögliche Zukunftsoptionen zu erkennen und zu bewerten. Zu den regelmäßig veröffentlichten Publikationen zählen neben den Reports und Vorträgen die populäre Atlasreihe (Zukunftsatlas), diverse Schriftenreihen (z.b. Mittelstandsförderung oder Cluster in der Umsetzung) sowie Zukunftsstudien, die sich speziell auf die Globalisierung beziehen (Prognos 2011)

7 Fazit

Der Dienstleistungssektor gilt bereits seit Beginn der 1990er Jahre als Sektor der Zukunft. Und dennoch erweist sich eine allgemeingültige Definition des Dienstleistungsbegriffs als nicht unbedingt einfach, vor allem durch die Einführung neuer Begriffe wie *quartärer Sektor* in der Literatur.

Mindestens genauso schwierig erprobt sich eine einheitliche Klassifikation der verschiedenen Dienstleistungsbranchen. Die Klassifikation der Wirtschaftszweige (WZ 2008) steht für eine national allgemeingültige Einordnung diverser Dienstleistungen. Auf der höchsten Ebene ist sie identisch mit dem europäischen Synonym, der NACE, entwickelt durch die Eurostat. In der WZ sind die Dienstleistungen den Wirtschaftsabschnitten G bis U zuzuordnen. Am Beispiel des Einzelhandels wurde die tiefe Untergliederung der einzelnen Abschnitte in Abteilungen, Gruppen, Klassen und Unterklassen aufgezeigt. Diese ermöglicht die Gewinnung und Darstellung der Informationenauf verschiedenen Aggregationsebenen.

Trotz einiger Grundregeln für die Klassifizierung von Dienstleistungen scheint eine genaue Einordnung nicht selten unmöglich. Zwar gilt die Haupttätigkeit einer statistischen Einheit als maßgebend für deren Klassifizierung, doch die Wertschöpfungsanteile sind gelegentlich unbekannt und müssen durch Ersatzgrößen geschätzt werden.Weitere Schwierigkeiten liegen bei der Auslagerung von Dienstleistungstätigkeiten vor, wie es in der Arbeit verdeutlicht wurde.

Im Dienstleistungsstatistikgesetz ist seit dem Jahr 2000 die Durchführung der Strukturerhebungen als Bundesstatistik vorgeschrieben. Des Weiteren liegen monatliche bzw. quartalweise Konjunkturerhebungen vor, die vordergründig die konjunkturelle Entwicklung der deutschen Wirtschaft statistisch belegen sollen.

Verbände der Dienstleistungswirtschaft vertreten mehrere Branchen des tertiären Sektors. Sieplädierenfür die Interessen der Mitgliedsunternehmen und setzen sich für eine politische und gesellschaftliche Akzeptanz diverser Dienstleistungsbranchen ein.

Dienstleistungen lassen sich nicht so einfach wie der primäre und sekundäre Sektoreinordnen. Dies ist vor allem daran zu belegen, dass in der WZ 2008 zum Teil Dienstleistungsbranchen unterschiedlicher Wertschöpfungsintensität zusammengefasst sind.

Abschließend ist zu betonen, dass Dienstleistungen seit den letzten zwei Jahrzehnten immer spezialisierter wurden und auch in Zukunft sich weiter entwickeln werden. Dies wird eine ständige Überarbeitung und Anpassung der Klassifikationssysteme erfordern.

Summary

Since the early 1990s the service sector is presumed to be the sector of the future. Anyhow, a definition of the term 'services' doesn't seem as easy as it is supposed to be, especially by introducing new terms such as 'quaternary sector' as a future trend of the general term. At least, the phrase of a uniform classification of various service industries is difficult as well.

In Germany, the Classification of Economic Activities (Edition 2008 or WZ 2008) stands for a national accepted classification of different services. The WZ 2008 is identical at the highest level with the European synonym, the NACE, which was developed by Eurostat. The WZ 2008 consists of 21 Sections, which are further subdivided into Divisions, Groups, Classes and Sub-classes. This deep subdivision allows the collection and presentation of information at various levels of aggregation. In this connection, the service industries are allocated to the Economic Sections G to U.

There are some basic rules for the classification of services and yet a precise classification into levels is not always possible in a simple way. The main criterion for classification is the main activity of statistical units, which is measured by the share of value added. However, this is sometimes unknown and has to be estimated by equivalent variables. There are further difficulties, for example, the outsourcing process of service activities.

In the WZ 2008, two types of survey methods are conducted: the economic statistics are calculated monthly or quarterly and the structure statistics are performed annually. The latter were defined as the Federal Statistics in the Service Statistics Act of the year 2000. The economic surveys are ostensibly supposed to show statistically the economic development of the German economy.

There are a number of associations representing the interests of the service economy. They plead for the interests of their members and are committed to a political and social acceptance of various service industries. On the one hand, there are umbrella organizations which represent a range of service industries and on the other hand specialized service organizations stand up for specific industries. These associations are working together with scientific institutes to create analysis, partly independent of the statistical analysis of the Federal Statistical Office.

Services are developing more quickly to specific industries. A constant revision and adaptation of the German Classification of Economic Activities will therefore be required in the future.

Literaturverzeichnis

Bundesministerium der Justiz (BMJ) (2011): *Gesetz über Statistiken im Dienstleistungsbereich (Dienstleistungsstatistikgesetz - DlStatG)*.<http://www.gesetze-im-internet.de/dlstatg/BJNR176510000.html> abgerufen am 03.03.2011.

Bundesverband Großhandel, Außenhandel, Dienstleistungen e.V. (BGA) (2011): *Der Verband*. <http://www.bga-online.de/aufgaben.html> abgerufen am 03.03.2011.

Bundesverband der Dienstleistungsunternehmen (BDD) (2011a): <http://www.bdd-online.de/diverse Unterseiten abgerufen am 31.03.2011.

Bundesverband der Dienstleistungswirtschaft (BDWi) (2011): <http://www.bundesverband-dienstleistungswirtschaft.de>diverse Unterseiten abgerufen am 03.03.2011.

Bundesverband der Freien Berufe (BFB) (2011): <http://www.freie-berufe.de/> diverse Unterseiten abgerufen am 01.04.2011.

Eurostat (2008): *NACE Rev. 2. Statistische Systematik der Wirtschaftszweige in der Europäischen Gemeinschaft*.<http://epp.eurostat.ec.europa.eu/cache/ITY_OFFPUB/KS-RA-07-015/DE/KS-RA-07-015-DE.PDF> abgerufen am 01.04.2011.

Gabler Wirtschaftslexikon (2011): *Dienstleistungen*. <http://wirtschaftslexikon.gabler.de/Definition/dienstleistungen.html> abgerufen am 01.04.2011.

Institut für Freie Berufe Nürnberg (IFB) (2011): *Aktuelle Projekte. Fahrlehrer in Nordrhein-Westfalen*.<www.ifb.uni-erlangen.de/77.0.html#c248> abgerufen am 03.04.2011.

Internationales Centrum für Franchising und Cooperation (F&C) (2011): *Aktuelle Projekte (Auszug)*.<http://www.marketing-centrum.de/ifhm/fundc/de/forschung/projekte/index.php> abgerufen am 03.04.2011.

Kulke, E. (2006²): *Wirtschaftsgeographie*. Paderborn: UTB.

Leser, H. (Hrsg.) (2005[13]): *Wörterbuch Allgemeine Geographie*. München, Braunschweig: DTV, Westermann.

Prognos (2011): <http://www.prognos.com/> diverse Unterseiten abgerufen am 03.04.2011.

Statistisches Bundesamt Deutschland (Destatis) (2011a): *Strukturerhebung im Dienstleistungsbereich (Dienstleistungsstatistik)*.<http://www.destatis.de/jetspeed/portal/cms/Sites/destatis/Internet/DE/Presse/abisz/Dienstleistungsstatistik,templateId=renderPrint.psml> abgerufen am 12.02.2011.

Statistisches Bundesamt Deutschland (Destatis) (2011b): *Beschäftigte im Einzelhandel (Messzahlen und Veränderungsraten): Deutschland, Monate/Quartale/Halbjahre, Wirtschaftszweige (WZ2008: ausgewählte Positionen)*.<https://www-genesis.destatis.de/genesis/online;jsessionid=BF2B234A550E678D09818E9B0D8FCD8D.tomcat_GO_2_1?operation=abruftabelleAbrufen&selectionname=45212-0011&levelindex=1&levelid=1301758054368&index=4> abgerufen am 30.03.2011.

Statistisches Bundesamt Deutschland (Destatis) (2010b): *Strukturerhebung im Dienstleistungsbereich. Methodenbeschreibung - Berichtsjahr 2008*.<http://www.destatis.de/jetspeed/portal/cms/Sites/destatis/Internet/DE/Content/Wissenschaftsforum/MethodenVerfahren/Infos/dienstleistung__strukturerhebung,property=file.pdf> abgerufen am 12.02.2011.

Statistisches Bundesamt Deutschland (Destatis) (Hrsg.) (2009): *Der Dienstleistungssektor. Wirtschaftsmotor in Deutschland. Ausgewählte Ergebnisse von 2003 bis 2008.*Wiesbaden: SFG Servicecenter Fachverlage.

Statistisches Bundesamt Deutschland (Destatis) (2008): *Klassifikation der Wirtschaftszweige. Mit Erläuterungen. 2008.*<http://www.destatis.de/jetspeed/portal/cms/Sites/destatis/Internet/DE/Content/Klassifikationen/GueterWirtschaftklassifikationen/klassifikation wz2008__erl,property=file.pdf> abgerufen am 11.02.2011.

Statistisches Bundesamt Deutschland (Destatis) (2003): *Klassifikation der Wirtschaftszweige mit Erläuterungen. Ausgabe 2003.*<http://www.destatis.de/jetspeed/portal/cms/Sites/destatis/Internet/DE/Content/Klassifikationen/GueterWirtschaftklassifikationen/klassifikationwz2003__erl,property=file.pdf> abgerufen am 27.03.2011.

Hinweis: Die Internetadressen in dieser Arbeit können - bedingt durch den Zeilenumbruch - so getrennt werden, dass ein Trennstrich oder ein Leerzeichen erscheint, der/das nicht zur Adresse gehören muss.